DE L'AMÉNAGEMENT

DES

FORÊTS DE RÉSERVE

DANS LES HAUTES MONTAGNES,

PAR

M Zötl, Conseiller des Mines à Hall,

ACCOMPAGNÉ D'OBSERVATIONS

par Ch. Kasthofer,

HAUT FORESTIER, PRÉSIDENT DE LA SOCIÉTÉ DES FORESTIERS SUISSES.

Traduit de l'allemand

par F. Briatte,

Membre de la Commission des Forêts du Canton de Vaud.

IMPRIMÉ AUX FRAIS DE L'ÉTAT.

VEVEY,

IMPRIMERIE ET LIBRAIRIE DE L. ALEX. MICHOD.

Rue du Lac, 33.

1844.

DE L'AMÉNAGEMENT

DES

FORÊTS DE RÉSERVE

DANS LES HAUTES MONTAGNES,

PAR

M. Zötl, Conseiller des Mines à Hall.

ACCOMPAGNÉ D'OBSERVATIONS

par Ch. Kasthofer,

HAUT FORESTIER, PRÉSIDENT DE LA SOCIÉTÉ DES FORESTIERS SUISSES.

Traduit de l'allemand

par F. Briatte,

Membre de la Commission des Forêts du Canton de Vaud.

IMPRIMÉ AUX FRAIS DE L'ÉTAT.

VEVEY,

IMPRIMERIE ET LIBRAIRIE DE L. ALEX. MICHOD.

Rue du Lac, 33.

1844.

L'édition allemande a été dédiée aux cantons de montagnes, et imprimée aux frais de la Société des forestiers suisses.

Avant-Propos.

La société des forestiers suisses, dans sa première réunion à Langenthal au mois de Juin, a décidé sur la proposition de M. de Greyerz le père, de faire connaître aux gouvernements de tous les cantons suisses l'ouvrage de M. Zœtl, conseiller des mines de sa majesté l'empereur d'Autriche, à Hall en Tyrol, sur l'aménagement et l'établissement des forêts de réserve dans les hautes montagnes, ouvrage écrit à la demande du congrès forestier de Stuttgard. Le président actuel de la société des forestiers suisses remplit la tâche qui lui a été imposée; il fait des vœux sincères pour que les connaissances si distinguées et les expériences si précieuses de l'auteur soient appréciées en Suisse, et surtout dans les cantons de montagnes, comme elles méritent de l'être, et pour que les magistrats réussissent par leur activité éclairée et par leur influence, à résoudre un des problèmes les plus difficiles de la culture forestière et des plus importants pour le bien-être de la patrie, le problème de la conservation des forêts de nos hautes montagnes, de leur rétablissement et de la manière de les utiliser d'après les règles de la science forestière, et enfin pour qu'on parvienne à gagner à cette cause, dans chaque vallée des Alpes et du Jura, des hommes au cœur élevé et animés de l'amour du bien public.

Nous donnons quelques notes qui serviront à rendre plus clairs aux Suisses, les conseils du forestier autrichien. Nous ajouterons aussi quelques réflexions sur les difficultés qui se présentent dans l'exécution, et qui résultent des circonstances dans lesquelles se trouvent nos forêts, circonstances qui sont essentiellement différentes de celles du Tyrol, pour autant du moins qu'elles tiennent à la constitution politique et qu'elles influent sur les droits de propriété et de jouissance. Nous rappellerons aussi les efforts faits par quelques forestiers suisses et par d'autres personnes connaissant bien les montagnes, pour atteindre le même but que M. Zœtl et longtemps avant que son ouvrage eut paru.

Le peuple des Alpes autrichiennes est accoutumé à une police forestière vigoureuse, il obéit autant par habitude que par le sentiment qu'il a de la nécessité et de l'utilité des lois forestières. Chez nous, ni dans les Alpes ni dans le Jura, nous ne pouvons penser à établir une pareille police pour la conservation et la protection des forêts; le principe de la souveraineté populaire autant que les habitudes et les préjugés séculaires du peuple s'opposent à l'introduction des dispositions forestières les meilleures et les plus utiles. Dans les Alpes autrichiennes l'Etat possède de grandes masses de forêts, le bon exemple qu'on peut donner soit pour l'assiette des coupes, soit pour les cultures, agit activement sur l'esprit des propriétaires de forêts et les amène à se soumettre aux lois. En Suisse, dans les cantons de montagnes, l'Etat ne possède que peu ou point de forêts comme propriété franche de droits, et là où d'immenses forêts appartiennent aux communes et aux particuliers qui ne connaissent ni les exigences d'une bonne administration forestière ni les avantages qu'elle procure, ne veulent pas exécuter les lois et les ordonnances, là ces lois sont fondées sur le sable et ne procureront jamais les heureux effets qu'on serait en droit d'en attendre. L'amour du bien public qui s'impose volontairement des sacrifices en faveur des générations futures, qui pourrait faire des miracles dans la culture des forêts de nos hautes montagnes, en attendant les effets d'une meilleure police forestière, cet amour doit être d'abord vivifié par l'esprit libéral de nos constitutions, par des lois sages et humaines et par le bon exemple des autorités. Dans les hautes montagnes autrichiennes il y a un personnel forestier suffisant, pour introduire aussi une meilleure administration dans les forêts communales et dans celles des particuliers; dans les montagnes de la Suisse, le personnel forestier manque presque partout.

Nous n'avons en Suisse aucune école forestière: le besoin pressant d'une institution populaire pour l'instruction de forestiers de communes se fait à peine sentir, ou bien les sacrifices qu'elle exigerait dépassent les ressources financières des cantons de montagnes qui sont les plus pauvres.

L'auteur n'a pas parlé de la grande difficulté qui résulte du parcours des chèvres et des moutons, sans l'abolition duquel on ne peut former que des vœux pour une meilleure administration de nos forêts de montagnes, pour leur amélioration et leur rétablissement dans un si grand nombre de vallées et surtout dans les hautes régions forestières; M. Zœtl n'en a pas parlé, sans doute parce qu'en Autriche le parcours aura pu être limité suivant les exigences de la culture forestière. En Valais et dans les Grisons, le parcours du menu bétail a été limité dans plusieurs forêts de réserve, il n'en a pas été de même dans l'Oberland bernois, par exemple, où les défenses de parcours chaque fois qu'on les a tentées, n'ont pas même été exécutées complétement dans les forêts de réserve, si importantes pour la sécurité des habitants des vallées inférieures. Le parcours des chèvres est ici, ainsi que dans plusieurs autres contrées des Alpes, un besoin impérieux et général, et il est plus avantageux dans les forêts jardinées comme le sont depuis des siècles celles des Alpes, que dans les forêts qui sont exploitées par coupes régulières. Le terrain forestier recouvert d'une jeunesse serrée, comme tout forestier doit désirer de l'élever, n'offre jamais au bétail une nourriture aussi abondante que les forêts jardinées où on rencontre partout des clairières recouvertes d'une herbe touffue. Ce seul motif rend impopulaire dans les montagnes toute exploitation par coupes régulières et sur une étendue déterminée, parce qu'on doit alors interdire le parcours pour faciliter le repeuplement; cette impopularité rend l'exécution de ces mesures impossible ou du moins très difficile. Si on veut abolir le parcours des chèvres là où il est devenu un besoin général du peuple, on doit auparavant lui offrir d'autres ressources aussi sures, aussi faciles et aussi abondantes que celles que lui procurent actuellement l'élève des chèvres et le parcours dans les forêts; c'est ce qui n'est pas possible dans les circonstances actuelles; mais ce qui serait possible, ce serait de limiter le parcours des chèvres dans les forêts assujetties à cette servitude, en abandonnant aux usagers les districts les plus riches en herbe et les plus propres au parcours, à la condition que le reste des forêts serait pour jamais libéré de toute servitude de parcours, et livré uniquement à la culture du bois.

Dans le Bas-Simmenthal, la commune de Vimmis a pourvu, par l'acquisition d'une montagne destinée uniquement au parcours des chèvres, aux besoins de ses ressortissants pour le lait et les engrais, par ce moyen elle a pu abolir entièrement le parcours dans les forêts considérables et importantes qu'elle possède. Il a été démontré très au long soit dans les voyages au St. Gothard, au Bernardin, au Brünig, au Splügen, soit dans le traité de la colonisation d'une partie des Alpes en faveur des Heimathloses (*), qu'on pourrait augmenter considérablement la nourriture des chèvres dans les étables, et par suite abolir, en partie du moins, pour les forêts de montagnes, le parcours qui leur est si nuisible; on pourrait atteindre ce but en créant des taillis dont les feuilles fourniront un fourrage abondant, sans diminuer le produit en bois, et, en pratiquant en grand la culture des têtards qui, outre le fourrage qu'ils donneront aussi, augmenteront encore le produit en bois.

M. Zœtl a démontré dans l'écrit dont nous nous occupons, et plus en détail encore dans son manuel sur l'économie forestière des hautes montagnes, l'influence qu'exerce la nature même des hautes montagnes sur le régime, non seulement des forêts de réserve, mais encore de toutes les forêts de montagnes, et combien la culture dans ces régions est déterminée par la nature elle-même. Avant lui M. Zschokke, dans son ouvrage intitulé les *forêts des Alpes*, a ouvert la voie dans cette partie de la science

(*) Voyez les adjonctions au jugement porté sur les avantages de la colonisation d'une partie des pâturages des Alpes. Leipzig, chez Gerhard Fleischer. 1827.

forestière. La société suisse des sciences naturelles a couronné deux traités sur les causes de la dégradation des hautes montagnes; le second, celui de M. l'ingénieur Venetz n'a pas été publié, j'ignore par quels motifs. Le premier contient un grand nombre de faits, qui jettent du jour sur les causes de la diminution de la force végétative sur nos hautes montagnes, mais principalement sur la destruction des forêts, ainsi que sur les moyens de les conserver et des rétablir. Cet écrit concorde dans les points essentiels avec les conclusions et les propositions de M. Zœtl (*).

A la suite des épouvantables inondations qui ont eu lieu en 1834 et 1839 dans les cantons des Grisons, du Tessin, d'Uri et du Valais, la société suisse d'utilité publique sur la proposition de Mr J. K. Zellweger, fit visiter les contrées ravagées par une délégation qui eut pour mission de rechercher les causes de ces dévastations. Au nombre des délégués se trouvait M. Negrelli ingénieur hydraulique distingué et connaissant particulièrement la nature des hautes montagnes, il était ainsi éminemment qualifié pour travailler à la solution de cette tâche importante.

Le rapport des délégués a été transmis aux gouvernements suisses, il ne s'occupe pas seulement des constructions au bord des eaux, qui manquent entièrement dans quelques localités et qui sont très défectueuses dans d'autres, mais il indique la source du mal; il la trouve dans la destruction des forêts des Alpes, et dans le manque total d'administration

(*) Il est aussi imprimé dans le voyage dans les Alpes, au Susten, au St. Gothard et au Bernardin. Arau chez Sauerlænder. 1822.

forestière. M. Lardy, vice-président de la commission des forêts du Canton de Vaud, a utilisé le rapport des délégués et celui de la société suisse d'utilité publique pour présenter ses propositions sur les soins indispensables à donner aux forêts. L'ouvrage de M. Lardy a aussi été imprimé et communiqué aux gouvernements cantonaux ; et si après un aussi grand nombre d'écrits fondamentaux, un si grand nombre d'avertissements et de propositions faites par des Suisses compétents, si disons-nous après tout cela, la société des forestiers suisses, vient faire connaître encore le traité de M. Zœtl aux gouvernements et à ceux de ses concitoyens, qui prennent une part active à cette question importante, c'est que M. Zœtl a été employé pendant longtemps dans les Alpes tyroliennes, non-seulement comme homme de science mais encore comme forestier praticien ; qu'étant plus libre dans sa pratique que ne le sont les forestiers suisses, il a fait de nombreuses expériences, et qu'il mérite ainsi, plus qu'aucun de ses devanciers et collègues suisses, notre confiance dans la possibilité d'exécuter les méthodes qu'il propose, puisqu'elles résultent d'expériences et d'observations purement forestières.

La société des forestiers suisses a fait aux gouvernements que cela concerne, un reproche qui n'est pas sans fondement, c'est qu'ils n'opposent aucune barrière légale aux coupes désastreuses qui ont lieu dans les hautes montagnes ; on a déploré surtout que le gouvernement du plus grand canton, de celui qui dispose des moyens financiers les plus considérables, ne donnat pas l'exemple et ne se mit pas à la tête des autres cantons de montagne, en établissant une bonne police forestière. En fait, de l'argent seul et de grosses sommes portées au budget pour des institutions d'éducation, sont insuffisants pour atteindre de grands résultats pour la culture morale du peuple et pour celle du pays. Le gouvernement de Berne aurait pu, d'après la volonté du Grand-Conseil, fonder il y a longtemps une école forestière populaire qui aurait eu pour but essentiel de répandre les règles les plus simples de la culture des forêts, et de former des inspecteurs pour les innombrables forêts appartenant à des communes et à des usagers; ce n'est certes ni la bonne volonté ni les sentiments patriotiques qui ont manqué, mais bien le défaut de connaissance de la nature des forêts des Alpes et des circonstances si difficiles dans lesquelles elles se trouvent; ces connaissances ne pourront être utiles que lorsque le peuple aura compris lui-même l'importance de la culture des forêts, car dans la démocratie représentative où le choix des autorités supérieures est confié au peuple, le développement intellectuel des autorités qui n'est pas précédé par le développement intellectuel du peuple, présentera toujours des inconvénients plus ou moins graves. En attendant, on pourrait prendre bien des mesures dont l'efficacité ne serait pas douteuse; ainsi par exemple le gouvernement de Berne devrait vendre de petites forêts qu'il possède, soit sur des collines soit dans la plaine, situées dans un bon terrain, entourées de prés et de champs, pour acheter avec leur produit une étendue dix fois plus considérable de forêts de hautes montagnes, dans des localités où elles serviraient d'abri contre les accidents causés par la nature, à diguer les torrents et raffermir les terrains qui les bordent. L'état devrait faire réadministrer ces forêts de réserve par des experts, il avancerait ainsi l'éducation pratique du peuple. Il pourrait soumettre le flottage à des règles fixes, non-seulement dans les parties basses du pays mais sur le cours presqu'entier des rivières et des torrents, en suivant pour cela non-seulement les règles propres aux constructions hydrauliques, mais aussi celles d'une bonne police forestière. Il devrait défendre les coupes rases dans les hautes moutagnes, créer les pépinières nécessaires pour les cultures, soumettre le parcours aux exigences de la police forestière qui est en dernière analyse la pierre angulaire et la condition fondamentale de toute loi de flottage et de constructions hydrauliques dans les hautes montagnes; enfin le gouvernement pourrait imposer un droit modique de flottage dont le produit servirait à payer les employés forestiers et les surveillants de flottages qui manquent actuellement partout, et à compléter les cultures indispensables. Si on procédait de cette manière on pourrait faire beaucoup de bien dans les hautes montagnes, en empêchant la destruction des forêts et en les préservant des dévastations qu'occassionnent les eaux, qui augmentent en proportion de la destruction des forêts. En présence des difficultés et des empêchements qui existent aujourd'hui, toutes les représentations faites et tous les plans proposés depuis 25 ans par des hommes compétents, sont restés sans exécution dans les cantons de montagnes tandis que la destruction des forêts et les dévastations des torrents ont augmenté dans une mesure inquiétante.

Dans un des ouvrages dont nous avons parlé plus haut, le soussigné a attiré il y a 25 ans, l'attention de ses concitoyens sur une des causes principales de la dégradation des hautes montagnes et de la destruction des forêts, dont M. Zœtl ne parle pas (*).

Voici ce qu'il disait :

« Les moyens dont l'homme peut disposer pour » s'opposer à la dégradation du terrain et au re- » froidissement partiel de la température des hau- » tes montagnes, se réduisent à la conserva- » tion du gazon dans les pâturages les plus éle- » vés et à son rétablissement là où il a disparu, » ainsi qu'à la conservation et au rétablissement » des forêts des Alpes... La destruction du ga- » zon a pour conséquences inévitables, immédiates » ou éloignées, la disparition de l'humus et de tou- » te terre végétale sur les croupes et les pentes très » fortes des montagnes élevées, la formation des » avalanches, les éboulements de terrain, la chute » d'une grande quantité de pierres, les inondations » dans les vallées, et enfin la destruction des forêts de » montagnes. La conservation du gazon là où il » existe et sa réintroduction dans les lieux d'où il a » disparu, sont donc de la plus haute importan- » ce (**)...

» L'Emir Fackr-el-din a fait planter près de Bey- » routh en Syrie, une forêt de pins pignons pour amé- » liorer le climat de cette ville...

» Nous avons été, à ce qu'il paraît, plus éloignés » que lui de comprendre le but élevé de l'économie » forestière ; car depuis des siècles on n'a planté au- » cune forêt dans les hautes Alpes pour obtenir un » résultat semblable. Mais bien au contraire on a

(*) Voyez Voyages au St. Gothard et Bernardin, page 336. Le livre populaire le Guide dans les forêts, page 146.

(**) Les causes de cette destruction et son influence sur la destruction des forêts, ont été traitées au long dans les ouvrages cités plus haut.

» détruit de nombreuses forêts qui servaient à amé» liorer le climat des pâturages de montagnes, qui » nous protégeaient contre les avalanches et les ébou» lements du terrain, qui affermissaient les rives de » nos torrents et contenaient leurs eaux. Sans doute » la conservation du gazon et des forêts dans les mon» tagnes ainsi que leur rétablissement est limité par » l'obligation où on est de les mettre de temps en » temps à l'abri de la dent du bétail; de là la néces» sité de clore ces parties, et alors surgissent les dif» ficultés pour la construction des clôtures.

» Il est évident que tous les moyens qu'on a pro» posés pour arrêter la dégradation des terrains des » hautes montagnes, ne déployeront leurs bons effets » que fort lentement à cause des obstacles que leur » oppose le régime de la jouissance commune des » pâturages; l'autorité ne pourra pas les faire adopter » par des mesures violentes, parce qu'ils sont re» poussés par la paresse et les préjugés, et qu'il est » rare que l'intérêt particulier y trouve son avanta» ge; on ne pourra les introduire d'une manière un » peu générale que, lorsque l'amour du bien pu» blic qui seul donne la force et le désir de faire des » sacrifices aura pénétré chez les habitants de nos » montagnes. Les forêts seront toujours menacées » de destruction par le peu de soin et d'intelligence » des propriétaires de troupeaux, ils ne sauront pas » même limiter le parcours qui leur offre quelque » profit dans le moment actuel, quoique cette simple » mesure de prudence suffit à elle seule pour conser» ver de nombreuses forêts, et d'un autre côté ils » trouvent insupportable toute mesure imposée pour » la culture des forêts, qui ne leur procurera des » avantages que dans l'avenir.

» Des ordonnances de l'autorité sont insuffisantes » pour faire pénétrer chez ces populations l'amour » du bien public, amour qui ne peut être réveillé que » par le bon exemple et par l'éducation donnés à la jeu- » nesse. Cet esprit animait les anciens habitants des » montagnes, car l'amour de la patrie qui donne la » force de faire des sacrifices pour le bien général et » l'amour du bien public ne sont qu'une seule et même » chose, ils s'anéantissent tous deux également dans » l'égoïsme.

» Cet amour de la patrie nous est nécessaire par » dessus toutes choses; c'est lui qui nous rendra chè- » res et sacrées ces montagnes dominées par les gla- » ciers et que menacent les avalanches.

» Nos historiens ont parlé; Pestalozzi a vécu au » milieu de nous; nous avons une école pour les » pauvres.... »

Nous terminons en faisant des vœux sincères pour la réalisation de ces idées.

Ces vœux patriotiques, le soussigné les a émis il y a un quart de siècle auprès de la société suisse des sciences naturelles réunie à Genève, ils ont obtenu son approbation, et surtout celle des Bonstetten, des Decandolle, des Ebel, des Escher de la Linth et des Usteri, de ces hommes distingués dont la Suisse déplore aujourd'hui la perte, comme aussi celle de MM. de Charpentier et Zellweger. Nous présentons encore ici, aux gouvernements suisses et au nom de la société forestière, ces vœux que des expériences postérieures nous ont rendus plus chers, en même temps que les propositions de M. Zœtl qui tendent au même but. Puissent l'amour du bien public et les vues larges des gouvernements, leur ouvrir la voie et préparer leur réalisation pour le bien de chaque canton et pour celui de la patrie entière.

Berne le 17 Octobre 1843.

Au nom de la société des Forestiers suisses :

Le Président,
KASTHOFER, Conseiller d'Etat
et Haut-forestier.

vont préparer leur réalisation pour le bien de chaque canton et pour celui de la patrie [illegible]

Berne, le 7 octobre 1848.

Au nom de [illegible]

[illegible]

[illegible]

[illegible]

DE L'AMÉNAGEMENT

DES

FORÊTS DE RÉSERVE

dans les hautes montagnes et de la méthode à suivre pour les établir.

Les dangers auxquels les forêts sont exposées dans les hautes montagnes, et les résultats désastreux que leur destruction peut avoir, soit en général en modifiant le climat et la température, soit plus particuliérement sur le sol lui-même en l'altérant par les avalanches, les éboulements et les eaux, sont malheureusement trop connus; cependant dans mainte contrée on ne s'en préoccupe guères et on n'aménage pas les forêts en vue de l'abri qu'elles peuvent procurer. Le parcours dans les Alpes, soit parce qu'il est souvent exagéré, soit parce qu'il cause la destruction des forêts voisines, l'usage de brûler les bois surtout lorsqu'il s'étend aux pins des montagnes et sur un terrain calcaire, ont aussi des résultats non moins graves que ceux que nous avons indiqués plus haut.

Ces résultats incontestables ont provoqué depuis longues années, une mesure répétée de temps en temps dans le Tyrol, savoir de mettre les forêts en réserve, c'est-à-dire de n'y faire aucune exploitation et de ne les utiliser en aucune manière. C'est à cette mesure qu'on doit de trouver encore en Tyrol quelques restes de forêts couvertes d'arbres gigantesques;

mais leur existence est menacée par le dépérissement complet des arbres, qui ont dépassé depuis longtemps l'époque de leur maturité. La question est de savoir comment on doit procéder pour rajeunir ces forêts et pour en créer de nouvelles là où elles ont disparu.

La méthode à suivre dans les forêts de réserve doit varier suivant le but qu'on se propose d'atteindre; on peut les employer comme moyens de protection contre les avalanches, contre la chute des rochers, contre l'irruption des eaux sur les bords des torrents et des rivières, contre les vents ou contre la dégradation des hautes montagnes.

Nous examinerons successivement chacun de ces cas.

I. Aménagement des Forêts de Réserve.

En général, le produit est ici entièrement subordonné au but qu'on se propose d'atteindre, le point principal est de rajeunir les forêts avant leur décrépitude, et sans interrompre l'abri qu'elles doivent procurer.

I. *Forêts de Réserve à opposer aux avalanches.*

Il n'est pas question ici de ces avalanches qui, ordinairement en hiver après qu'il est tombé une grande quantité de neige tendre, se précipitant du haut de rochers escarpés, deviennent souvent très nuisibles plutôt par la pression de l'air qu'elles occasionnent, que par la quantité de neiges qu'elles contiennent sous forme de poussière; mais nous nous occupons principalement de ces avalanches qui glissent sur le sol, surtout au printemps, lorsque les eaux détachent les couches inférieures de la neige.

Les forêts de réserve qui existent dans le Tyrol sont des forêts de sapin rouge, qui ont atteint un âge assez égal de 200 à 300 ans et plus. Les inconvénients qui résultent de l'âge avancé des arbres sont que, dans leur chute, ils écrasent les arbres voisins, mais surtout qu'ils enlèvent le terrain avec leurs racines et détruisent ainsi le sol. La première opération à faire dans une forêt de cette nature est de s'assurer par un examen minutieux du temps pendant lequel on peut espérer que les arbres subsisteront encore, ce qui déterminera le nombre d'années qu'on pourra employer à son rajeunissement.

Après quoi on fait, en commençant par la partie supérieure, un inventaire de toutes les plantes, on indique séparément celles qui ont encore une belle apparence de vie, et celles qui sont déjà sur le retour, on prend note de la manière dont elles sont réparties sur le terrain. On fait abattre une plante de chaque catégorie, en les coupant à une hauteur égale, on compte les couches annuelles pour connaître leur âge aussi exactement que possible, puis du rapport entre le nombre des plantes encore vigoureuses et de celui des plantes qui sont sur le retour ainsi que de la différence des âges des deux classes, on déduit le temps pendant lequel on peut être assuré de l'existence de la forêt. Le cas le plus défavorable et qui exige un prompt remède, c'est celui où la différence d'âge entre les deux classes n'est que de 10 à 20 ans, il est à craindre alors que le dépérissement de la forêt entière arrive avant que le rajeunissement total soit opéré, car 10 ou 20 ans sont peu de choses dans ces hautes régions, où la crue des arbres est si retardée par la lutte acharnée qu'elle doit soutenir contre les éléments. Si la différence d'âge est de 30 à 50 ans, les plantes vigoureuses seront ordinairement en plus grand nombre et l'aménagement est plus facile. Le cas le plus favorable c'est lorsqu'il n'y a pas d'arbres qui soient sur le retour, comme cela arrive ordinairement dans les forêts récemment mises en réserve, mais il importe de ne pas s'endormir dans une fausse sécurité, de crainte que la forêt ne se trouve bientôt et, sans qu'on s'en aperçoive, dans un des cas énumérés plus haut.

Pour rajeunir une forêt mise en réserve, on commence par la diviser en deux ou trois zônes horizontales. La zône inférieure s'élève depuis la région où le sapin rouge montre une végétation forte et vigoureuse, jusqu'à celui où sa croissance diminue d'une manière sensible et prend un aspect rabougri, et où les années de graine sont plus rares; la zône supérieure s'étend en partie jusqu'à la région où croit encore le pin des montagnes (*pinus montana*), où cette essence devenant plus rare, présente une tige plus courte, moins forte et qui se couvre fortement de branches jusque près de terre. Cette zône mérite les plus grands soins, car si elle vient à disparaître, il est impossible de conserver sur pied les arbres de la zône inférieure. Lorsque toutes les recherches que nous avons indiquées plus haut auront été faites et lorsqu'on aura recueilli toutes les données nécessaires; on déterminera dans le plan qu'on se propose de suivre, d'abord l'espace de temps pendant lequel s'opérera le rajeunissement, ensuite les opérations qui devront être exécutées chaque année, si on n'est pas entravé par des circonstances impossibles à prévoir.

Les exploitations nécessaires pour le rajeunissement de la forêt, auront lieu de la manière suivante. On entreprend en hiver lorsque la neige est ferme, la coupe des arbres les plus vieux, en les espaçant convenablement, on laisse des troncs de 6 à 8 pieds de hauteur, afin de ne pas diminuer l'abri on dirige la chute des arbres de manière à ce qu'ils tombent en travers de la pente et qu'ils viennent s'appuyer soit contre les troncs, soit contre les arbres vigoureux qui restent sur pied, ou laisse les branches aux arbres abattus. On laisse intactes, sur une étendue de quelques toises, les lisières ou bords de la forêt pour protéger les parties voisines plutôt contre les vents que contre les avalanches; on se gardera de couper aucun des arbres qui croissent au-dessus de la forêt, tels que l'arole, le pin des montagnes, l'aulne à feuilles vertes, on ménagera de même les arbrisseaux, par exemple le rosage ou rhododendron.

Il arrive quelquefois qu'on ne peut pas diriger exactement la chute des arbres, si quelques-uns tombent dans le sens de la pente et sans trouver de point d'appui, il faut les débiter aussi menu que possible, puis les sortir avec précaution de la forêt pendant la neige. Dès que la fonte des neiges le permet, on entreprend des cultures artificielles, soit parce qu'on ne peut pas compter avec certitude sur un récensement naturel, soit parce qu'il convient d'introduire le melèze et l'arole dans les massifs de sapin rouge. On cultive à la hauteur la plus considérable qu'il est possible d'atteindre et on termine par en semer des graines de pins des montagnes, d'aulnes à feuilles vertes, mélangées de graines de sorbier. Nous reviendrons dans le 2me chapitre sur la méthode à suivre pour les cultures. On n'ébranchera les arbres coupés qu'autant que cela sera nécessaire pour se procurer de la place pour les plantations et pour que les branches ne nuisent pas aux plantes qui en sont le plus rapprochées. Les avalanches détruisent quelquefois les travaux exécutés, en déplaçant violemment les plantes abattues pour servir d'abri, en renversant des arbres restés sur pied, en détruisant complétement les plantations ou en courbant les jeunes plantes ; on ne devra pas perdre courage, il faudra au contraire redoubler d'efforts pour réparer des dommages qu'il n'est pas possible à l'homme d'éviter, on coupera de nouveau quelques-unes des plantes sur le retour, on relèvera les jeunes plantes qui ont été courbées et enfin on entreprendra de nouvelles cultures.

Les zônes inférieures des forêts de réserve présentent beaucoup moins de difficultés. La végétation y est plus favorable, les produits en bois ne sont pas aussi nécessairement subordonnés à l'abri que doit procurer la forêt, les frais de culture peuvent être compensés par la vente des bois. On commence l'exploitation de cette division immédiatement à la limite de la division supérieure, du côté opposé aux vents les plus violents ; on procède par éclaircies successives en enlevant d'abord les arbres les plus décrépis, on plante ensuite les places vagues. On procède au rajeunissement de la division inférieure au moyen de coupes régulières d'ensemencement, ou par coupes rases étroites. Lorsque les années de graine sont rares et lorsque les produits compensent facilement les frais de culture, on repeuplera les coupes au moyen de plantations ou de semis. Aussitôt que les massifs auront atteint un âge assez avancé, il ne faudra pas négliger d'entreprendre des éclaircies.

Le cas le plus favorable pour le rajeunissement d'une forêt placée dans les circonstances telles que nous les avons indiquées, sera celui qui permettra de faire durer l'opération le plus longtemps possible. Dans tous les cas il faut agir avec beaucoup de prudence dans les exploitations et ne couper chaque année que la plus petite quantité possible de plantes, on ne choisira que les arbres entièrement sur le retour, et qui ne peuvent décidément pas subsister plus longtemps, on élèvera aussitôt que possible de jeunes plantes sous l'arbri des arbres restants.

Pour atteindre le but si fort à désirer de voir un aménagement régulier des forêts de réserve, remplacer le principe si pernicieux qui consiste à ne rien couper, il faut que leur rajeunissement dure pendant tout le temps qui aura été fixé pour cette opération. On doit porter toute son attention à élever une jeunesse dont les sujets diffèrent d'âge, afin de fonder pour les exploitations futures le mode du jardinage. Le jeune bois doit s'élever sans avoir à souffrir ni du couvert du vieux bois, ni d'un état trop serré, il doit pouvoir prendre un développement suffisant soit dans ses branches, soit dans ses racines, grandir dans la lutte qu'il a à soutenir avec les neiges et les ouragans, et devenir enfin un arbre fort, vigoureux et capable de fournir un puissant abri. Dans des circonstances semblables le sapin rouge devient un arbre vigoureux, cependant il est utile de mélanger dans les massifs de cette essence, des espèces qui croissent dans les régions plus élevées, telles que le melèze et l'arole, dans certains cas, l'érable (*acer platanoides*). Une fois l'aménagement introduit, on ne devra jamais perdre de vue que la forêt doit devenir pour ainsi dire, le patrimoine des hommes dont elle protégera la vie et les propriétés. Si le plan qu'on s'est proposé de suivre pour le rajeunissement, doit durer de longues années, il faut que la conviction de son importance, s'hérite de père en fils, pour qu'à la fin les hommes continuent par amour et par intérêt bien entendu, ce que de sages lois auront forcé leurs ancêtres à commencer.

Les forêts de réserve qui doivent servir seulement à empêcher la formation des avalanches, ont à résister à une force moins puissante. Une méthode plus simple peut leur être appliquée, il suffira de ne point faire d'exploitation par coupes rases, de les protéger autant que possible contre les coups de vent ; et d'éviter les deux écueils également funestes, celui de ne rien couper du tout et celui de vouloir en tirer des produits trop considérables. On soignera tout particulièrement le repeuplement des coupes, on cherchera à introduire l'arole et le melèze. — Les forêts de pins des montagnes, ne doivent être rajeunies que par des coupes faites en jardinant ; la distance des branches entre deux arbres voisins ne doit jamais être trop grande, on laissera toujours un arbre plus jeune entre deux arbres plus âgés, pour remplacer ces derniers lors de leur exploitation dans la seconde rotation. On trouve dans ces régions l'aulne à feuilles vertes et le sorbier, on peut rajeunir ces essences au moyen des rejets de souches ; il faut éviter de faire des coupes par larges bandes, on les conduira en travers et non dans le sens de la pente.

II. *Forêts de réserve destinées à servir d'abri contre les éboulements de rochers.*

On voit souvent dans les montagnes des rochers escarpés à couches peu adhérentes, se décomposer; les débris tombés au pied des rochers, s'y accumulent en talus plus ou moins considérables qui forment des pentes douces, lorsque de nouveaux quartiers de rochers tombent sur ces amas, ils provoquent des éboulements ; des portions plus ou moins considérables se détachent, glissent ou roulent jusque dans le fond des vallées. La cause première de ces dévastations qui s'étendent toujours davantage, est ordinairement la disparition du gazon et des plantes ligueuses sur les rochers ; le déboisement et la disparition du terrain s'étendent de proche en proche, si on ne travaille à les arrêter par des mesures efficaces.

Il est presque toujours impossible d'arrêter le mal à sa source, parce qu'elle se trouve sur des rochers tellement escarpés et d'un accès si difficile qu'on ne peut y construire aucun ouvrage. Ajoutons à cela que c'est ordinairement au printemps que s'opère le mouvement de ces masses ; cette circonstance rend la culture du bois très difficile dans ces localités, le plus souvent on doit se borner à arrêter les éboulements par un massif serré dans la partie inférieure du talus.

Aussi dans les endroits où des forêts existent déjà et où elles s'étendent dans la pente couverte de débris, il faut apporter le plus grand soin à ce que les pierres ne se créent pas un passage. On examinera donc lors de l'aménagement de ces forêts, si elles existent sur le terrain recouvert de débris de rochers, ou seulement au bas de la pente où le talus commence à s'aplanir. Les forêts qui s'étendent jusque dans la masse, se composent pour la plupart de pins silvestres (daille), essence qui est la mieux appropriée à de telles localités soit par le peu de nourriture dont elle a besoin, soit parce qu'elle guérit facilement des blessures que lui occasionne le choc des pierres. Il est rare que les pins dépassent ici l'âge de 60 à 80 ans. Dans la partie inférieure des terrains recouverts de ces débris, où le sol est meilleur, on voit un mélange de différentes essences, toutes celles qui ont une forte tige, qui supportent un état serré et qui souffrent peu des blessures qu'elles reçoivent, sont appropriées à ces localités, de ce nombre sont le sapin rouge, le pin, le melèze, l'érable, le frêne, le bouleau. Cependant ces essences dépasseront rarement ici l'âge de 80 à 100 ans à cause des nombreux accidents auxquels elles sont exposées.

Le rajeunissement des forêts situées au pied de ces amas de pierres, s'opérera par coupes d'ensemencement dans lesquelles on espacera les arbres de manière à ce qu'il n'y ait pas plus de 6 à 8 pieds de distance entre l'extrémité de leurs branches, on laissera les troncs aussi hauts que possible. On abat aussi près que possible de l'endroit où les pierres commencent à se détacher, des arbres qu'on place transversalement à la pente, on les assujettit soit contre les souches, soit contre des rochers, soit enfin au moyen de pieux plantés en terre. Cette espèce d'abattis grossier doit servir à retenir les pierres et à procurer quelques repos aux parties inférieures, jusqu'à ce que le recru de la coupe d'ensemencement ait atteint une certaine grosseur. On aidera au repeuplement naturel par quelques semis faits à la main. Si après le repeuplement le rempart venait à être rompu, il y aurait peu de danger parce que les pierres seraient suffisamment tassées ce qui empêcherait un éboulement considérable, le jeune bois arrêtera facilement les pierres qui se détacheront de la masse.

Lorsque le terrain est très maigre les massifs sont ordinairement incomplets, il est rare alors de voir réussir un repeuplement naturel ; on entreprendra des cultures immédiatement après la construction du rempart dont nous avons parlé. Il sera toujours nécessaire de laisser des troncs élevés.

III. *Forêts de réserve pour prévenir les éboulements du terrain.*

Les glissements de terrain ont lieu, lorsque la couche de terre est détachée de la base, soit par des trombes, soit par des pluies continuelles, soit par des sources souterraines, soit enfin par un système d'irrigation mal entendu. Ces eaux augmentant la pesanteur de la couche de terre, déterminent un glissement lorsque la pente est rapide ou lorsque le pied en a été miné. Ces éboulements ont souvent une étendue considérable et mettent dans le plus grand péril des prairies, des routes et même des villages entiers soit qu'ils se trouvent dans leur direction, soit que des torrents entraînant des masses considérables de terre, de pierres, de souches et de débris d'arbres, les entassent sur un point et finissent par les répandre avec impétuosité sur les parties environnantes.

Lorsque la base est formée de rochers dont les couches sont parallèles à la pente, elle devient quelquefois tellement lisse que l'adhésion avec la couche du terrain est facilement interrompue. Il en est de même lorsque la base est formée d'une argile impénétrable à l'eau. On a plusieurs exemples de forêts entières qui ont glissé avec le sol jusqu'au fond des vallées. Les arbres renversés par les vents, entraînent souvent dans leur chute la motte avec les racines, forment ainsi des trous qui se remplissent d'eau et occasionnent de forts éboulements. Les arbres mêmes qui doivent préserver de ces accidents, en sont souvent la cause première ; cela arrive lorsqu'ils sont très élancés, le vent en les agitant s'en sert comme de leviers avec lesquels il ébranle les racines, ameublit la terre, et enfin les renverse et enlève le terrain avec eux. On retrouve ici encore les effets pernicieux du principe, qui consiste à interdire toute exploitation.

Les chablis ont lieu le plus fréquemment dans les terrains arides et dans ceux qui sont recouverts d'une couche épaisse d'humus; dans le premier cas, la couche de terre a peu de liaison avec la base, dans le second, les arbres ne poussent pas de profondes racines dans un terrain aussi substantiel et ils n'ont par conséquent pas de point d'appui.

Plus les arbres sont gros, plus ils sont exposés à être renversés par le vent, lorsqu'on fait imprudemment une trouée dans la forêt, ou lorsqu'en les ménageant outre mesure, on les a laissés dépasser de beaucoup l'âge de leur maturité. Les essences dont les racines sont traçantes ont plus à souffrir du vent que celles qui forment un pivot et étendent leurs racines au loin. Il en est de même des arbres qui, élevés dans un état serré, ont poussé des tiges élancées.

L'aménagement des forêts destinées à empêcher les éboulements de terre, doit tendre à éviter ou à amoindrir l'effet de toutes les circonstances qui les provoquent. Plus le massif sera âgé et par conséquent exposé aux coups de vents, plus on devra se hâter de le rajeunir.

Si le massif se compose de bois résineux et si on peut compter avec quelque certitude sur l'ensemencement naturel, on fera des coupes rases par bandes étroites du haut en bas sur toute l'étendue de la forêt, en commençant l'exploitation du côté opposé aux vents le plus à redouter. — On élévera le recru dans un état peu serré en employant à propos les éclaircies, on ne le laissera pas dépasser l'âge auquel il portera des graines fécondes. Si l'âge actuel du boisé est tel qu'on ne puisse pas compter avec certitude sur un repeuplement naturel, ou s'il est fort à craindre que le massif soit renversé par les vents, il n'y a d'autre parti à prendre que de couper tous les bois, à l'exception des jeunes plantes qui promettent une belle venue, puis de reboiser le terrain par des plantations ou des semis. Lors de l'exploitation on laissera des troncs élevés, on sortira le bois avec précaution pendant la gelée ou lorsque le terrain sera couvert de neige, on interdira sévérement tout parcours, mais particulièrement celui du menu bétail.

Lorsque ces forêts se composent de massifs de bois feuillus, le rajeunissement en sera très facile, si les bois n'ont pas dépassé l'âge auquel ils peuvent repousser de souche; cette époque a lieu pour le chêne, l'ormeau et le tilleul à l'âge de 60 ans, pour le hêtre, l'érable, le frêne et le charme à 45 ans, pour le bouleau, l'aulne, le sorbier et l'alizier à 40 ans, pour le peuplier noir et les saules à 25 ans, pour le bois de S[te]. Lucie, l'aulne à feuilles vertes, l'accacia et le noisetier à 20 ans, les autres espèces de peupliers conservent cette faculté jusqu'à l'âge le plus avancé, lorsqu'on les exploite constamment en taillis. On exploitera en temps convenable, on évitera de couper à la fin du printemps, époque la moins favorable aux rejets; on suivra d'ailleurs toutes les règles prescrites dans le traitement des taillis.

Les essences qui drageonnent, comme le tremble, et celles qui repoussent à un âge très avancé, comme le chêne, l'ormeau et le tilleul, n'exigent pas qu'on exploite dans le jeune bois, on peut couper même de vieilles souches très près de terre avec l'espoir de leur voir fournir des repousses suffisantes.

Lorsqu'on est obligé de recourir aux cultures, il faut tâcher d'élever des essences feuillues, parmi lesquelles se distingue l'aulne à feuilles blanches, on l'aménage à une rotation de 20 ans. En général lorsqu'on est libre dans le choix à faire, il faut élever des essences dont les racines prennent un grand développement, soit en pivotant, soit en s'étendant latéralement.

On doit suivre un aménagement semblable dans les localités où le manque de soins dans l'administration des bois tendrait à créer des torrents ou à augmenter les ravages de ceux qui existent.

Lorsque les causes du mal sont des sources souterraines ou des ruisseaux qui suivent le pied des pentes, il faut seconder la culture des forêts par d'autres travaux; ainsi dans le premier cas on cherchera à réunir les eaux et à leur procurer un écoulement facile, dans le second on construira les diguées nécessaires; sans ces précautions les forêts pourraient être entraînées avec le terrain, ce qui augmenterait considérablement le mal.

IV. *Forêts de réserve contre les inondations.*

Des massifs serrés, servent à diminuer les dévastations des rivières et des torrents, en consolidant le terrain par leurs racines et en brisant la force du courant lors des inondations, mais surtout en contribuant à rehausser les berges. Cependant des expériences nombreuses prouvent que ces massifs sont souvent des obstacles insuffisants. Lorsque des arbres à hautes tiges se trouvent placés tout à fait près des bords, ils sont eux-mêmes la cause de grands dégats ; les racines en s'entrelaçant lient à la vérité le terrain et lui donnent de la consistance, mais lorsque miné par les eaux il tombe enfin par son propre poids et celui des arbres qui le recouvrent, ceux-ci entraînent avec leurs racines une étendue considérable de la rive et ouvrent ainsi un libre champ à l'eau pour exercer ses ravages.

Nous pouvons déduire, de ce qui précède, les règles suivantes pour la culture de ces forêts :

1°. On ne doit pas élever, au bord des eaux, des arbres qui atteignent de fortes dimensions et surtout pas de bois résineux.

2°. Lorsque ces essences se trouvent sur les berges des rivières et des torrents, on doit s'empresser de les couper, aussitôt qu'on s'aperçoit que les arbres commencent à s'incliner, lors même qu'on n'aurait pas à redouter une crue prochaine des eaux. Les souches, qui restent en terre avec leurs racines, protégeront suffisamment le terrain.

3°. Cependant il est indispensable d'élever des arbres de haute tige et surtout des bois résineux, dans le voisinage de tous les cours d'eau dont on a à redouter les ravages, afin d'avoir toujours à proximité au moment du danger des matériaux pour détourner les eaux ou diminuer la violence du courant ; mais on doit les élever à une distance des berges assez grande pour éviter les inconvénients signalés plus haut. Ce moyen si simple est souvent très efficace, s'il est employé à temps.

4°. Le sapin rouge et le pin sont les bois les plus utiles pour ces cas d'urgence, on s'appliquera donc à en avoir toujours à proximité une provision suffisante, les arbres devront être d'âges et de dimensions différentes.

5°. Tout au bord des eaux on aménagera les bois à un terme très court, au plus 12 ou 15 ans, on exploitera donc en taillis, ce qui est d'autant plus facile que presque tous les terrains au bord des cours d'eau dans les montagnes, sont couverts d'aulnes à feuilles blanches qui donnent toujours des rejets en abondance, quelle que soit l'époque à laquelle on les coupe.

Tout le terrain compris entre les cours d'eau et celui destiné à l'éducation des bois résineux, doit être boisé d'essences qui donnent des rejets de souches, on traitera ces forêts entièrement d'après les règles de la culture des futaies sur taillis.

6°. Pour augmenter l'effet de ces forêts protectrices, il est indispensable de débarrasser le lit de tous les ruisseaux qui descendent de la montagne et des forêts inférieures, de tous les débris de bois qui, en s'y accumulant, font l'effet de barrages et forcent l'eau à miner le terrain et à déborder.

V. *Forêts de réserve destinées à servir d'abri contre les vents et à empêcher la dégradation du terrain des hautes montagnes.*

C'est un phénomène observé tous les jours plus généralement, que le déboisement des hautes montagnes laisse un libre passage aux vents, pour s'abattre sur les pâturages et les parties inférieures, que le gazon disparaît peu à peu dans les Alpes, que les couches de rocs infertiles paraissent à la surface du sol dont la fertilité diminue incessamment, enfin que les conséquences désastreuses de tous ces effets se font ressentir même dans les vallées. On commence à comprendre toujours mieux qu'il importe de ménager et administrer convenablement les forêts situées à la limite de la végétation des plantes ligneuses, limite qui est aujourd'hui beaucoup plus basse qu'elle ne l'était autrefois, afin de mettre un terme aux ravages causés par la négligence de nos devanciers. Il est donc indispensable de prendre des mesures énergiques pour maintenir la végétation à la limite qu'elle a atteinte aujourd'hui, pour éviter qu'elle ne descende plus bas encore et pour chercher à la rétablir par des cultures, dans les parties plus élevées qu'elle a abandonnées.

Voici les mesures qu'il faut faire exécuter énergiquement pour arrêter la dégradation des hautes montagnes :

1°. Il faut mettre en réserve toutes les lisières des forêts les plus élevées, toutes les forêts situées sur des saillies de rochers ; sur les arêtes et les croupes de montagnes.

2°. S'il est nécessaire d'avoir du bois pour l'économie des montagnes, on ne prendra que les bois renversés, ou ceux qui sont dans un état presque complet de décrépitude, on épargnera avec soin tous les arbres sains ; s'il était absolument nécessaire de se procurer du bois de construction, on ne devra jamais faire de coupes rases, mais on l'exploitera en jardinant systématiquement. On pourrait employer très avantageusement les pierres et les débris de rochers qui couvrent souvent les pâturages, pour remplacer le bois dans les constructions et les clôtures dans les montagnes (*). Les constructions en pisé seraient même préférables à ces châlets dans lesquels on entasse une quantité énorme des plus belles plantes, qui ne servent qu'à augmenter les chances d'incendie.

3°. Lorsqu'on est obligé de couper des bois sains, il faut toujours laisser des troncs de quelques pieds de hauteur, à l'abri desquels on peut élever de jeunes plantes.

4°. L'arole est un arbre de la plus grande utilité dans les hautes régions des Alpes, soit parce qu'il résiste mieux que tout autre aux ouragans, qu'il arrête davantage leurs pernicieux effets, qu'il végète à une élévation plus considérable, soit enfin parce qu'il a moins à redouter du bétail que les autres essences. On doit donc chercher à le conserver ; pour cela il faut défendre sévérement la récolte des graines d'arole pour tout autre but que pour les cultures forestières. Cette récolte se fait ordinairement sans aucun soin, on coupe les branches pour cueillir plus facilement la graine, le plus plus souvent avant qu'elle soit mure, et uniquement par friandise pour les amandes qui ont un goût fort agréable.

Si on ne met pas un terme à ces abus, on a tout lieu de craindre de voir cet arbre si précieux disparaître entièrement. La défense de récolter la graine des pieds que l'on rencontre encore, suffira seule pour propager, sans frais et sans peine, cette essence si utile.

(*) C'est ce qui a lieu dans le Jura vaudois où toutes les clôtures sont faites en murs secs, et presque tous les châlets bâtis en pierres.

La récolte des graines pour les cultures ne commencera pas avant le mois d'octobre.

Il ne suffit pas seulement de défendre de récolter la graine, mais il faut encore ne pas permettre de couper un seul pied d'arole, lors même que les arbres environnants devraient être abattus ; cette mesure est indispensable dans certaines localités ; c'est aussi le seul moyen de se procurer la graine et les plants nécessaires pour les cultures.

6°. On apportera le plus grand soin à maintenir le gazon sur toutes les hauteurs où il s'en trouve et à en introduire partout où cela sera possible; parce que la disparition du gazon sur les croupes et les pentes rapides des montagnes a pour conséquences inévitables la disparition de toute terre fertile, et avec elle on perd tout espoir de rétablir des forêts dans les lieux dévastés ; on a de plus alors à redouter les avalanches, les éboulements de terrain et de rochers, et les inondations dans les vallées.

2. Création de nouvelles forêts dans les terrains dévastés.

A. Observations générales.

Il ne sera possible de rétablir de nouvelles forêts où il en existait autrefois, que dans les contrées où les phénomènes naturels, n'exerçent leurs ravages, chaque année que pendant un temps assez court, et où on peut arrêter par des travaux et pour assez longtemps, les causes du mal, et enfin seulement dans les localités où il reste suffisamment de bon terrain qu'on puisse protéger tant contre les vents froids que contre les vents brûlants, en un mot contre toutes les causes naturelles qui arrêtent la végétation; afin que les jeunes plantes puissent se développer.

Mais dans les montagnes où les bois ont disparu depuis longtemps, où le gazon est détruit, où les vents et la pluie ont enlevé le dernier reste de terre végétale, où la destruction s'attaque à la roche elle-même, où les ouragans soufflent en arrivant des régions glacées, où le soleil brûle le sol desséché, ici tout espoir a disparu, il est aussi impossible d'y introduire de nouvelles plantes, que d'en voir surgir au-dessus de la limite naturelle de la végétation.

Lorsqu'on voudra élever, par semis ou plantations, de nouvelles forêts sur des hauteurs ou sur des pentes, on se conformera aux règles générales ci-après :

1°. Lorsqu'on entreprend un semis il faut que la graine soit placée de manière à ce qu'elle reçoive suffisamment d'air, d'hnmidité et de chaleur, qui sont les agents principaux de la germination, puis qu'elle soit abritée contre l'influence d'une lumière trop forte, de même que contre la sécheresse et la gelée. La jeune plante doit trouver une nourriture suffisante et assez d'espace pour étendre ses racines.

2°. On doit se procurer de bonnes graiues et en faire un essai avant d'entreprendre les semis.

3°. On sémera au printemps après la fonte des neiges, l'eau qui en provient sera fort utile pour la germination. Sur les hauteurs les gelées sont moins pernicieuses que dans les vallées, parce que l'air raréfié contient moins d'eau et que les brouillards y sont plus fréquents.

4°. On doit avant de commencer, se tracer un plan

bien médité. On commence ordinairement les cultures par la partie inférieure de la montagne et on les continue en s'élevant successivement. On ne s'écartera de cette règle que lorsque des circonstances locales l'exigeront. On prépare tout le terrain qui doit être semé ou planté pendant l'année, en commençant par le haut, afin que les pierres qui s'éboulent ne détruisent pas l'ouvrage qui aurait été fait. Pour les forêts qui, comme celles dont il est ici question, doivent servir d'abri, il n'est point nécessaire de s'inquiéter des exploitations futures, parce qu'elles ne devront jamais avoir lieu par coupes rases.

5°. On aura soin que les racines et le chevelu des jeunes plantes ne souffrent pas, soit lorsqu'on les arrachera, soit de la sécheresse avant la transplantation.

6°. Le terrain et l'exposition, où on transplantera la jeune plante, ne doivent pas être trop différents de ceux où elle aura vécu jusqu'alors, car par exemple il est impossible que des plantes, transportées de la plaine sur des hauteurs exposées au vent et dans un terrain maigre, continuent à végéter.

7°. L'âge, pour les plantes à transplanter, est de 3 à 5 ans pour les bois résineux et de 4 à 10 pour les arbres à feuilles. Au reste plus les plantes sont grandes plus il faut leur donner de soins lors de la transplantation.

8°. L'époque la plus favorable pour les plantations est aussi le printemps après la fonte des neiges ; on peut cependant planter même en été, si on a soin de planter avec la motte.

9°. Les racines des jeunes plantes doivent être recouvertes d'une quantité suffisante de bonne terre, s'il n'y en a pas dans l'endroit où se fait la plantation, il faut en faire apporter des lieux les plus voisins; les trous doivent être assez larges et assez profonds, pour procurer un abri aux jeunes plantes, et pour retenir en quantité suffisante l'eau de pluie, ainsi que l'humidité des brouillards et de la rosée.

10°. Pour assurer la réussite des boutures comme celle des plantes, il faut conserver l'écorce intacte et les placer de telle sorte que la chaleur, l'air et l'humidité leur parviennent en quantités suffisantes, puisque ces agents naturels de la végétation leur sont aussi indispensables pour le développement de leurs racines, qu'ils le sont aux plantes pour continuer leur végétation.

11°. Le choix des cultures dépend des localités. On préfèrera les semis lorsque le terrain offrira les propriétés nécessaires à la germination, lorsque la préparation nécessaire présentera peu de difficultés, ou lorsque comme dans un terrain pierreux, par exemple, il est difficile de faire des trous et où on a plus de chance de voir réussir les semis, enfin lorsqu'on a de la graine en abondance.

12°. On préfèrera les plantations dans les terrains où la germination ne se ferait pas bien, dans ceux qui sont couverts de hautes herbes ou de buissons, et en général partout où il est nécessaire que l'époque la plus critique de la vie des jeunes plantes soit passée, pour promettre une réussite assurée; enfin dans les terrains où on peut creuser des trous convenables.

B. Observations particulières.

a) CRÉATION DE FORÊTS DEVANT SERVIR D'ABRI CONTRE LES AVALANCHES.

Il se présente quelques cas où il est impossible d'élever de nouvelles plantes et d'opposer une barrière aux avalanches. D'abord lorsque l'avalanche prend naissance au-dessus de la limite de la végétation, sur des pentes rapides d'où elle se précipite sur une grande largeur avec une impétuosité terrible jusqu'au point où la végétation pourrait commencer. Ici sa route est tracée à jamais. Lorsque les avalanches ont trop dégradé le terrain, lorsqu'elles se détachent de pentes arides, lorsqu'elles forment ce qu'on appelle des avalanches en poussière, ou enfin lorsque chaque hiver une avalanche balaye le même passage, et empêche ainsi toute culture. — Pour que la création de nouvelles forêts soit de quelque utilité, il faut qu'on ait la possibilité d'arrêter l'avalanche à son point de départ, soit par des travaux préparatoires soit par les cultures mêmes. Les cultures artificielles sont applicables au rajeunissement de ces forêts.

Lorsqu'on a la perspective d'atteindre le but en élevant de nouvelles forêts, on procédera de la manière suivante, pour le cas où l'avalanche prend naissance au dessus de la limite de la végétation :

1°. On creuse horizontalement à une distance de 6 à 10 pieds l'un de l'autre, des fossés de 3 à 4 toises de longueur, en sorte que toute l'étendue, sur laquelle se forme l'avalanche, soit coupée par ces fossés, placés comme des murs les uns au dessus des autres.

Si la nature du terrain le permet, on plantera, pour protéger ces fossés contre le glissement des neiges, des pieux de 3 à 4 pieds d'épaisseur à une distance de 5 à 7 pieds, on les enfoncera de manière à ce qu'ils soient bien assujettis et qu'ils s'élèvent cependant de 2 à 3 pieds hors de terre. Pour se procurer les bois de melèze, d'arole et de pins nécessaires, on aura soin de ne pas détruire les forêts voisines. Il sera sans doute souvent difficile et fort coûteux de se procurer les matériaux nécessaires, mais ce n'est pas là la question, nous nous occupons ici seulement des moyens d'atteindre le but.

2°. Une fois que la partie située au-dessus de la limite de la végétation est consolidée aussi bien que possible, on passe à la culture, en commençant par le haut; on recoura aux plantations ou au semis, selon les localités.

3°. Pour les semis on préparera le terrain par bandes alternatives placées à 3 ou 4 pieds de distance l'une de l'autre, chaque bande aura 3 à 4 pieds de longueur et $^1/_2$ a 1 pied de largeur. On ménagera avec un soin tout particulier la bonne terre si précieuse dans les hautes régions, et on la placera sur les bandes. S'il y a trop peu de bonne terre pour qu'on soit assuré de la réussite du semis, il n'y a pas d'autre moyen que d'en apporter des régions inférieures. On se procurera aussi pour donner de l'abri aux jeunes plantes, du rosage, (rhododendron) des buissons de genévrier, ou des branches de pin des montagnes; on plante ces branches à la partie supérieure de chaque bande, en les inclinant du haut en bas, afin que tout en donnant l'abri nécessaire elles ne soient pas emportées par la neige. Après la fonte des neiges et pendant les premières années, on aura soin de relever celles qui auront été écrasées et de remplacer celles qui auront été enlevées. On sémera en abondance, dans ces bandes un mélange de graines de sapin rouge, de melèze, d'arole, de pin des montagnes et d'aulne à feuilles vertes ; la quantité de bonne terre qui devra recouvrir chaque espèce de graine, dépend de la grosseur de la graine, les plus grosses seront placées plus profond. Si la pente est très rapide on plantera des pieux entre les bandes.

Il sera bon de semer de la graine dans les fossés indiqués plus haut pour s'assurer si la limite de la végétation ne dépasse pas la ligne qu'on lui a assignée.

4°. Si l'on a recours aux plantations, on procédera comme suit : on fait creuser des fossés horizontaux pareils à ceux dont nous avons déjà parlé en choisissant pour cela le meilleur terrain. Ces fossés devront avoir une largeur et une profondeur suffisantes pour que les plants de sapins et de melèze qu'on transplantera avec la motte, à l'âge de 3 ou 4 ans, en petits buissons de 3 à 5 plants, trouvent assez de place, et qu'ils soient placés un peu plus profond qu'ils n'étaient, soit dans la pépinière, soit dans les forêts où on les arrachera. La motte a dans sa partie supérieure 3 à 4 pouces de diamètre et une hauteur de 4 à 5 pouces, ce sont là les dimensions d'après lesquelles on se dirigera pour le creusage des fossés. On place les plants dans les fossés à environ 3 pieds de distance l'un de l'autre, on met la bonne terre autour des racines, puis on remplit les intervalles avec celle d'une qualité inférieure.

La plantation dans ces fossés se justifie pleinement par les raisons suivantes ; d'abord ils servent à empêcher la chute des avalanches de la même manière que les fossés de sûreté établis au-dessus ; la terre étant plus travaillée est rendue plus fertile ; l'air pénètre plus facilement jusqu'aux racines, ce qui est une chose très importante dans ces hautes régions où il est plus raréfié; les plantes se garantissent réciproquement de l'action pernicieuse des vents des deux côtés où ils soufflent le plus violemment, en travers de la montagne, en même temps la distance qui sépare les fossés offre aux plantes un plus grand champ de lumière et d'air dans le sens de la pente ; enfin les fossés attirent l'humidité qui se répand également sur la terre ameublie; pour être plus efficaces, ils doivent se rapprocher un peu à leurs extrémités; si la pente est très rapide il faut planter quelques pieux.

b) CULTURES ARTIFICIELLES A ENTREPRENDRE LORS DU RAJEUNISSEMENT DES FORÊTS SERVANT D'ABRI CONTRE LES AVALANCHES.

La culture artificielle, lors du rajeunissement de forêts existantes, diffère de celle que nous venons de décrire en ce que :

1°. On prépare, au pied de chaque tronc ainsi que sous l'abri des arbres sur pied et de ceux qui ont été abattus, de petites places d'un pied en carré sur lesquelles on sème la graine, il suffit d'enlever la couche de gazon, en conservant la bonne terre qui ne doit être que fort peu ameublie.

En choisissant les places pour les semis, on aura

soin qu'elles ne soient pas privées entièrement d'humidité et de chaleur, sans cependant qu'elles soient trop exposées aux vents et à l'ardeur du soleil. On sème la graine au milieu de la petite place ainsi préparée, on mêle la graine à la terre avec la main, puis on la foule légèrement avec le pied. On cherchera toujours, ainsi que nous l'avons recommandé à page 19, à mêler l'arole et le melèze avec le sapin rouge; en général, on s'efforcera d'élever des massifs d'essences différentes. On ne doit cependant pas mélanger la graine des différentes essences, mais semer sur chaque petite place la graine d'une seule essence; la graine d'arole sera placée plus profond en terre que celle du sapin rouge.

2°. On joindra la plantation au semis, afin que si ce dernier ne réussit pas, il n'y ait pas de perte de temps. On se servira du transplantoir partout où son emploi sera possible; là où le peu d'épaisseur du terrain ou sa nature pierreuse ne permettront pas de s'en servir, on emploiera simplement la bêche, on placera dans chaque trou 3 à 5 plantes avec la motte, on les entourera de bonne terre.

3°. Les plantes ayant déjà passé la période la plus critique de leur vie, on pourra les transplanter dans les endroits les moins abrités, dans les intervalles des souches et des arbres sur pied; on réservera toutes les places abritées pour les semis. (v. page 34).

4°. Toute culture qu'on entreprendra au dessus de la forêt qu'on doit rajeunir, s'exécutera comme nous l'avons indiqué dans le § précédent.

c) SOINS ULTÉRIEURS A DONNER A CES FORÊTS.

Lorsque les semis et les plantations ont assez bien

réussi pour qu'au bout de quelques années les jeunes plantes soient trop serrées et se nuisent réciproquement, on commencera les éclaircies, afin que les arbres qui resteront puissent étendre leurs branches et leurs racines, et se fortifier ainsi dans la lutte qu'ils soutiennent contre les éléments (comparez ce qui est dit à la page 21). On continuera en même temps le rajeunissement en apportant les modifications que l'expérience aura démontré être nécessaires.

d) CRÉATIONS DE FORÊTS DESTINÉES A SERVIR D'ABRI CONTRE LES ÉBOULEMENTS DE ROCHERS.

Nous avons déjà dit à page 23 que l'établissement de ces forêts est fort difficile dans les lieux où les pierres sont presque toujours en mouvement et où on ne peut les contenir qu'à grand peine. Mais il devient tout à fait impossible, dans les montagnes où des quartiers de rochers, se détachant de temps en temps, se précipitent en bonds effroyables, accompagnés d'une quantité énorme de débris, mettent toute la masse en mouvement et ne s'arrêtent plus qu'au bas de la pente. Il est impossible à l'homme de s'opposer à ces dévastations, ce n'est que lorsque la masse a cessé de se mouvoir ou lorsque les blocs sont arrêtés par les monceaux de ruines qu'ils ont entassées, que l'on peut essayer d'élever des plantes ligneuses.

La méthode que nous allons proposer trouvera donc peu d'applications, là seulement où il sera possible de construire des remparts près de la source du mal. Ces remparts sont faits ou comme nous l'avons dit à page 24, en plaçant de grands arbres en travers de la pente, ou en construisant, sur toute la largeur du terrain recouvert de pierres, de fortes cloisons de 6 à 8 pieds de hauteur avec des arbres placés les uns au dessus des autres et fortement liés ensemble. Les pierres sont arrêtées derrière ces cloisons, jusqu'à ce qu'elles aient comblé tout le vide, ce qui dans certains cas dure plusieurs années. Si au dessous de cette première construction on en fait succéder d'autres à des distances convenables, et si on répare avec soin chaque avarie, il suffira souvent du temps qu'on aura gagné par ce moyen, pour faire des semis de différentes essences et pour que les plantes atteignent une certaine grosseur ; il va sans dire que le terrain doit pouvoir suffire à leur nourriture.

2°. Si on peut espérer que ces constructions arrêteront les pierres assez longtemps pour qu'elles prennent leur assiette, se délitent et forment une couche de terre, on pourra alors entreprendre des cultures avec quelqu'espoir de succès ; on fera un semis plein sur toute l'étendue, on répandra en abondance de la graine de gazon, de pin et d'hyppophæ.

3°. Si le terrain est trop maigre pour nourrir des plantes ligneuses, il faut se contenter de semer de la graine de gazon. Lorsqu'il aura bien pris racine on pourra essayer de faire des fossés pareils à ceux que nous avons déjà indiqués, on les remplira de bonne terre, puis on sémera de la graine de pin, de sapin rouge, de melèze et même de la graine d'essences feuillues. On essayera de semer sur les bandes de gazon entre les fossés, mais sans préparer le terrain, de la graine des arbrisseaux qui contribuent le plus à lier et à améliorer le sol, en attendant que les arbres qui doivent fournir l'abri ultérieur aient pris leur développement et que les constructions supérieures soient détérioriées.

e) CRÉATIONS DE FORÊTS DESTINÉES A PRÉVENIR LES ÉBOULEMENTS DE TERRAIN OU A RÉPARER LES DÉGATS QU'ILS ONT OCCASIONNÉS.

Il peut se présenter ici trois cas ; ou bien il s'agit de prévenir un éboulement qui est imminent, ou en second lieu de reboiser le sol sur lequel un éboulement a eu lieu, ou enfin de boiser le terrain même qui s'est éboulé après qu'il s'est arrêté et qu'il a pris son assiette.

Dans le premier cas, on sémera de la graine d'aulne à feuilles blanches, sur toutes les parties où on apperçoit des crevasses qui trahissent le danger. On fera le semis en hiver, en répandant la graine sur la neige, ou ce qui vaut mieux encore au printemps après la fonte des neiges, on ne fera que gratter le terrain avec un rateau de fer, toute autre préparation serait plus nuisible qu'utile. On tâchera de répandre la graine en grande quantité, soit dans les crevasses, soit sur leurs bords.

Aussitôt que les petites plantes sont assez fortes, on les fait couper avec une faux bien tranchante, afin de forcer le développement des racines, plus tard on répète l'opération en se servant d'instruments plus forts, d'abord tous les deux ans, puis tous les quatre ans, jusqu'à ce qu'on soit assuré, que le terrain est suffisamment affermi. On aménage alors à une rotation de 15 à 20 ans pour tirer quelque revenu du bois.

Si le terrain repose sur une couche d'argile dans laquelle les racines ne peuvent pas pénétrer et sur laquelle il menace de glisser, on employe avec succès une plantation de plançons de saules. On prend pour cela, hors de sève, des pousses de 3 ou 4 ans de saule fragile et de saule blanc, d'un diamêtre de 1 $^1/_2$ à 2 pouces, ces plançons auront l'écorce lisse, une crue droite, et un bourlet à l'extrémité inférieure. On leur donne une longueur de 5 à 6 pieds, on fait une taille franche à la partie supérieure, tandis qu'on coupe la partie inférieure en biseau sur deux côtés. On plante les plançons au printemps, si possible lorsque le temps est humide, on fait des trous de deux pieds de profondeur, puis avec un pal on fait au fond du premier un second trou d'un pied de profondeur, on plante le plançon en ménageant l'écorce, puis on remplit le trou de bonne terre en évitant qu'il se forme des vides.

En plantant aussi profond on a pour but de procurer aux boutures l'humidité nécessaire au développement de leurs racines, il ne sera pourtant pas superflu de faire les trous de telle sorte que l'humidité extérieure y pénètre facilement. Il est aussi très important de ne pas tasser fortement la terre autour des boutures, mais de la conserver meuble pour que l'air, la chaleur et la lumière aient plus d'action.

f) FORÊTS A ÉLEVER SUR DES TERRAINS OU UN ÉBOULEMENT A EU LIEU.

Après un éboulement considérable, si le roc n'a pas été mis à nud, on voit encore couler souvent des terres et des pierres, quelquefois les bords menacent de s'écrouler, surtout lorsque de grands arbres les couronnent encore.

1°. Dans ce cas, la première opération à faire est de couper tous les grands bois qui se trouvent rapprochés de l'éboulement, il faut ensuite niveler la place autant que possible en coupant les bords qui sont ordinairement minés.

2°. S'il y a encore des éboulements partiels de terre et de pierres, on affermit le terrain par des clayonnages, dont la construction est bien connue, on les place à une distance de 2 à 3 pieds, en se dirigeant du bas en haut.

Les pieux pour la construction de ces clayonnages doivent être en melèze, on les plante perpendiculairement et aussi profond que possible. La première ligne étant établie, on plante à deux pieds de distance des boutures de saules, on prend pour cela des pousses de 2 ans ayant une bonne écorce, de $^1/_2$ ou 1 pouce d'épaisseur, on leur donne une longueur de 1 $^1/_2$ pied, on les plante à angle droit avec la ligne de pente, de manière à ce qu'elles ne dépassent le clayonnage que de 4 à 5 pouces. Après quoi on entasse sur les boutures toute la terre et tous les débris qui se trouvent sur l'espace compris entre le premier clayonnage et la place où doit être construit le second. Les boutures doivent être bien recouvertes. On continue de cette manière sur toute la pente, puis on sème des graines de gazon, de melèze, de pin, de bouleau, d'hyppophæ. Il suffit le plus souvent pour recouvrir la graine de passer sur le terrain une herse de branchages.

3°. Lorsque les terres ont pris leur assiette et qu'il n'y a plus à craindre de nouvelles coulées, il ne sera pas nécessaire de faire de clayonnages. S'il y a assez de bonne terre, il suffira de planter des boutures de saules, d'après la méthode que nous avons indiquée à page 45. Il convient aussi de semer de la graine des différentes essences que nous venons d'indiquer.

4°. Si on a à redouter l'effet de sources souterraines, ou le minage d'eaux courantes, on employera les moyens indiqués à page 26.

Les éboulements qui sont arrêtés et dont les terres sont affermies, permettent ordinairement d'élever sans difficulté de nouveaux massifs, parce qu'ils contiennent presque toujours beaucoup de limon mélangé avec les pierres, le sable et les racines qu'ils ont entraînés dans leur chute. Ce limon devient très fertile après que l'eau qu'il contenait a été évaporée, et qu'il a été exposé quelque temps à l'influence de l'air atmosphérique. La préparation du terrain la plus convenable ainsi que le choix des essences ne présente pas de difficultés. Le pin méritera toujours la préférence.

g) CRÉATIONS DE FORÊTS DESTINÉES A DIMINUER LES EFFETS DES INONDATIONS.

Les forêts seules ne suffiront que rarement à empêcher l'irruption des eaux sur les bords des rivières et des torrents rapides. Cependant il est souvent nécessaire de protéger les rives d'une eau courante, avant que des débordements aient eu lieu. Voici comment on doit procéder.

1°. Pour protéger des rives basses et pour les relever si possible, le meilleur moyen, consiste à employer des boutures de saules plantées en buissons ou par touffes. *

On fait un paquet de boutures de saules qu'on lie avec un osier, on place ce paquet dans un trou de 2 pieds de profondeur un peu évasé par le haut, on fait glisser un peu le lien, puis on étale les boutures en rond. A une distance de 3 à 4 pieds on creuse un second trou, on repand la terre qu'on en retire sur le milieu du paquet de boutures qu'on a plantées dans le trou précédent. On plante un paquet de boutures dans le second trou et ainsi de suite.

On fait cette plantation aux endroits qui sont le plus exposés aux débordements. On plante par bandes parallèles de 4 à 5 toises de largeur presque perpendiculaires au cours d'eau ; entre chaque bande plantée on en laissera une de même largeur sans culture, cette bande s'ensemence presque toujours naturellement.

La longueur de ces bandes dépend de la localité. Si la première plantation venait à être détruite par les eaux, ce qui ne peut avoir lieu qu'après un rehaussement partiel des rives, il sera indispensable d'en faire une nouvelle.

On rajeunit de temps en temps ces saules en les coupant comme taillis.

2°. Si on doit protéger des rives élevées on se sert de plançons ou de boutures et on procède comme il a été dit à page 46. Si le climat le permet on plantera des boutures des différentes espèces de peupliers, qui sont préférables, parce que leurs racines s'entrelacent davantage.

(*) On les appelle sur le Rhin *(Entennester)* nids de canards.

3°. Pour élever des bois de grandes dimensions comme ceux dont il a été parlé à page 29 on peut employer des plançons (page 45) de peupliers, surtout du peuplier d'Italie.

4°. Lorsqu'on ne peut pas procéder par plantation, on ensemence, à partir du bord, une bande de quelques toises de largeur avec de la graine d'aulnes à feuilles blanches, au delà de cette bande on plante des sapins rouges et des pins de 3 à 4 ans d'après la méthode indiquée.

h) CRÉATION DE FORÊTS A OPPOSER AUX VENTS ET A LA DÉGRADATION DU TERRAIN.

Ces forêts doivent être ordinairement établies sur les parties des montagnes les plus exposées aux vents, où le terrain a été dégradé et considérablement amaigri, ces deux circonstances rendent ce problême un des plus difficiles de l'économie forestière. Pour procéder, avec quelques chances de succès, au rétablissement de ces forêts, il faut rechercher toutes les places un peu abritées et où il y aura un peu de bonne terre, pour en faire de petites pépinières dans lesquelles on élèvera des plantes au moyen de semis; on transplantera, dans les parties à reboiser, ces jeunes plantes déjà habituées au climat. Lorsqu'elles ont atteint l'âge de 4 à 5 ans, on les transplante par buissons, en les plaçant avec la motte dans des trous de 1 à 1 ½ pied de profondeur si possible, on place le plan au fond du trou, on ne recouvre les racines que d'une quantité de terre égale à celle qui les recouvrait dans la pépinière; la plante ne dépassera le bord du trou que par son extrémité supérieure, ceci est nécesssaire pour lui procurer un abri contre les vents, la chaleur et la sécheresse, abri qui lui manquerait complètement si elle était placée au niveau du sol.

Il va sans dire qu'on ménagera avec un soin tout particulier chaque parcelle de bonne terre. Les essences dont on doit faire choix sont, le sapin rouge, le melèze, l'arole, parmi lesquelles on sémera de la graine de pins des montagnes, d'aulnes à feuilles vertes, et pour essai de la graine de sorbier. Au reste ce sera fort heureux si, dans les parties où le peu d'épaisseur du terrain ne permet pas de le préparer, on peut introduire l'un ou l'autre des arbustes des Alpes, ou seulement le rosage (rhododendron), la bruyère ou le genièvre.

CONCLUSION.

On voit d'après tout ce qui précède, combien de difficultés entourent la création de nouvelles forêts dans les montagnes dont le terrain a été dégradé ; et lorsqu'on aura vaincu toutes ces difficultés, on n'aura pas encore la certitude d'avoir atteint le but. Il n'arrive que trop souvent que, tous les efforts de l'homme deviennent le jouet de la toute puissance des éléments déchaînés. Et si les plans conçus avec maturité, exécutés avec soin, sont couronnés de succès, il y aura cependant encore un point de vue important à considérer, c'est la lenteur avec laquelle les bois croissent et s'élèvent ; il se passera encore bien des années avant qu'on ressente les heureux effets qu'ils doivent produire.

Ces travaux commencés aujourd'hui doivent donc devenir l'objet de l'attention et de la persévérance des générations futures. Toute la peine, tout le temps et tout l'argent que nous aurons employés, le seront en pure perte, si nos descendants ne soignent pas notre héritage. La négligence pendant une seule année peut détruire l'œuvre de plusieurs générations.

On peut se convaincre, par tout ce que nous avons dit, de quelle importance est la conservation des forêts, et combien nous devons chercher à éviter, par une sage administration, les maux qui sont la suite inévitable de leur destruction, et à ne pas nous mettre dans la dure nécessité d'entreprendre une lutte terrible avec la nature, pour créer de nouvelles forêts après avoir laissé périr par notre faute celles qui recouvraient ces régions élevées.

ERRATA.

Page	ligne			lisez
Page 8,	ligne 2,	depuis le bas.	réadministrer	lisez *administrer*
» 19,	» 10,	»	récensement	» *réensemencement*
» 19,	» 6,	»	en semer	» *semer*
» 28,	» 8,	»	diguées	» *digues*
» 29,	» 4,	»	hautes tiges	» *haute tige*
» 52,	Après la note.			» *Note du traductr.*

NOTES.

Forêts de réserve. *(Bannwælder)* * Le traité de M. Zœtl paraît se borner à cette catégorie de forêts, dans laquelle on comprend dans le Tyrol, comme chez nous, les forêts destinées à servir d'abri contre les avalanches, les éboulements de terre, la chûte des rochers et des glaces, forêts dans lesquelles on ne fait aucune exploitation; mais ce mode a l'inconvénient fâcheux de laisser vieillir et dépérir les bois, ensorte que leur rajeunissement devient très difficile, et leur conservation impossible sans des cultures artificielles dont l'exécution est accompagnée de grandes difficultés. Les régles que M. Zœtl indique pour ces forêts de réserve, sont applicables, non seulement dans nos forêts de réserve, mais encore dans de grandes masses de forêts de montagnes, qui tout en donnant des produits en bois doivent abriter les contrées voisines contre les accidents provenant des phénomènes naturels. Mais comme le dit l'auteur, ces régles ne peuvent être mises en pratique dans l'économie forestière que par des agents instruits et expérimentés, et malheureusement ces forestiers manquent partout dans les Alpes.

Eboulements de terre. *(Muhrbrüche.)* On appelle ainsi dans le Tyrol ce que nous appelons dans la Suisse allemande, Avalanches de terre et de limon. La Nola qui se jette dans le Rhin près de Tusis, l'Alpbach en remontant de Meiringen jusqu'à la Mægisalp, forment de ces masses destructives, elles attestent à quel point nous sommes arrièrés pour les constructions hydrauliques, ainsi que le manque total de police forestière.

Expurgations, éclaircies. On nomme ainsi en économie forestière, la coupe de toutes les plantes mortes et surcimées dans les jeunes fourrés comme aussi dans les forêts plus âgées. C'est ce qu'on appelle ordinairement nettoyer les forêts. Il y a 25 ans, on ignorait dans l'Oberland Bernois le parti qu'on peut tirer du bois dépérissant, et on ne s'occupait nullement de la fabrication des fagots. Cette opération a le double avantage d'utiliser le bois qui périrait sur place, et de favoriser beaucoup la croissance des plantes plus vigoureuses qui restent sur pied. Mais pour que cette opération produise de bons effets, il faut qu'elle soit dirigée par des forestiers instruits, car une éclaircie mal faite ou trop forte, surtout dans de jeunes massifs, peut causer leur ruine totale, en permettant à la neige de les courber et de les écraser.

Méthode d'exploitation en jardinant, jardinage. *(Plenterwirth-*

* On les appelle dans le canton de Vaud forêts à ban. *(N. d. T.)*

schaft). On appelle ainsi les exploitations qui ont lieu en prenant sur toute l'étendue de la forêt, sans suivre aucune règle, les arbres les plus beaux et le plus appropriés à l'emploi auquel on les destine. Cette méthode diffère de celle qui consiste à exploiter les forêts par coupes régulières, fournissant chaque année des produits égaux. Dans les forêts exploitées en jardinant, le gazon et les mauvaises herbes remplacent les plantes abattues lorsque les rayons du soleil pénètrent jusqu'au terrain, quelquefois si par hasard il tombe de la graine sur ces places vides, elle germe et le recru se forme et réussit s'il n'est pas détruit ou arrêté dans sa croissance par la gouttière et l'ombre des grands arbres qui l'environnent. Les forêts qui ont toujours été jardinées donnent un produit en bois bien inférieur en quantité à celui que livrent les forêts exploitées par coupes régulières et repeuplées immédiatement, soit par semis naturels soit par des cultures, mais elles donnent en revanche, ainsi que nous l'avons dit dans l'introduction, de meilleurs pâturages, ce qui est à l'avantage des usagers, c'est par cette raison et par habitude que les coupes régulières sont vues de mauvais œil dans la plus grande partie de nos vallées des Alpes; les forêts jardinées se repeuplent quoiqu'imparfaitement, mieux par les semis naturels que les coupes rases. Plus les forêts sont élevées sur la montagne plus les jeunes plantes ont besoin d'abri contre l'intempérie des saisons, elles le trouvent mieux dans les forêts jardinées, c'est pourquoi on ne devra abandonner cette méthode qu'avec beaucoup de précaution et même la conserver dans les hautes régions en la soumettant aux règles que M. Zœtl propose pour les forêts de réserve.

M. Zœtl recommande de planter le meléze pour regarnir les clairières, cependant il n'y a pas d'essence forestière qui réussisse avec autant de difficulté sur des places couvertes d'herbes comme le sont ordinairement les clairières, et à l'ombre des arbres qui les bordent. L'arole réussirait mieux dans les clairières des hautes montagnes, le hêtre et le sapin blanc, dans celles des régions moins élevées, réussiront probablement mieux que le meléze, parce qu'ils ne redoutent pas l'ombre autant que ce dernier.

M. Zœtl indique l'hyppophœ pour cultiver les terrains composés de sable, de terre et de pierres qui tombent des rochers en décomposition, ou que les torrents déposent dans les vallées; dans les climats chauds, par exemple à l'entrée des vallées d'Entremont et de Bagnes, on voit réussir sur un terrain pareil, le bois de Ste Lucie, l'épine noire et plusieurs espèces de saules à feuilles étroites.

www.ingramcontent.com/pod-product-compliance
Lightning Source LLC
LaVergne TN
LVHW011959160826
845678LV00002B/617

* 9 7 8 2 3 2 9 6 8 1 6 5 8 *